目　次

前　言

本标准按照 GB/T 1.1—2009《标准化工作导则　第 1 部分：标准的结构和编写》给出的规则起草。

本标准附录 A、B、C 均为资料性附录。

本标准由中国地质灾害防治工程行业协会(CAGHP)提出并归口。

本标准主编单位：陕西省地质环境监测总站、太原理工恒基岩土工程技术有限公司。

本标准起草人：贺卫中、向茂西、范立民、仵拨云、娄月红、滕宏泉、张云、吕义清、李永红、刘海南、彭捷、姚超伟、姬怡微。

本标准由中国地质灾害防治工程行业协会负责解释。

引　言

为满足地质灾害防治工程行业对标准规范的要求，提高突发地质灾害点应急预案的编制水平，统一编制工作方法和要求，特制定本标准。

突发地质灾害点应急预案编制要求(试行)

1 范围

本标准规定了突发地质灾害点应急预案编制的主要工作程序、预案内容及文本编制等技术要求。

本标准主要适用于崩塌、滑坡、泥石流、地面塌陷突发地质灾害隐患点应急预案的编制。

2 规范性引用文件

下列文件对于本标准的应用是必不可少的。凡是注日期的引用文件,仅所注日期的版本适用于本标准。凡是不注日期的引用文件,其最新版本(包括所有的修改单)适用于本标准。

GB/T 32864 滑坡防治工程勘查规范

DZ/T 0219 滑坡防治工程设计与施工技术规范

DZ/T 0220 泥石流灾害防治工程勘查规范

DZ/T 0221 滑坡、崩塌、泥石流监测规范

DZ/T 0261 滑坡崩塌泥石流灾害调查规范(1∶50 000)

DZ/T 0286 地质灾害危险性评估规范

T/CAGHP 002 地质灾害防治基本术语(试行)

T/CAGHP 005 采空塌陷勘查规范(试行)

T/CAGHP 010 地质灾害应急演练指南(试行)

T/CAGHP 011 崩塌防治工程勘查规范(试行)

T/CAGHP 014 地质灾害地表变形监测技术规程(试行)

T/CAGHP 017 县(市)地质灾害调查与区划规范(试行)

T/CAGHP 021 泥石流防治工程设计规范(试行)

T/CAGHP 022 突发地质灾害应急防治导则(试行)

T/CAGHP 023 突发地质灾害应急监测预警技术指南(试行)

T/CAGHP 024 地质灾害灾情调查评估指南(试行)

T/CAGHP 030 突发地质灾害应急调查技术指南(试行)

3 术语和定义

下列术语和定义适用于本标准。

3.1

突发地质灾害 abrupt geological hazards

指崩塌、滑坡、泥石流、地面塌陷4种灾害。

3.2

地质灾害隐患点 potential geological hazards

指未来可能发生或已发生但有可能再次发生的地质灾害点。

3.3

地质灾害点应急预案 geological hazards emergency program

指对单个地质灾害隐患点为进行抢险、救援、转移等应急处置，事前制定的现场工作方案。

3.4

地质灾害应急 geohazard emergency

为应对突发性地质灾害而采取的灾前应急准备、临灾应急防范措施和灾后应急救援等应急反应行动。同时，也泛指立即采取超出正常工作程序的行动。

3.5

地质灾害监测 geohazard monitoring

观察和量测地质灾害体变形信息及相关环境信息的活动。

3.6

地质灾害预警 geodisaster/geohazard early-warning

指在地质灾害发生之前，根据地质灾害发展演化的规律或监测和观察得到的前兆信息，当地人民政府向公众发出预警信号，报告危险情况，以便采取相应的应对措施，从而最大程度地减轻地质灾害所造成的损失的行为。

3.7

地质灾害应急响应 geohazard emergency response

指各级应急组织根据突发地质灾害灾(险)情实际情况，为避免灾害的进一步发生、降低灾害影响，所进行的一系列决策、组织指挥和应急处置行动。

3.8

地质灾害应急避险 emergency evacuation during geohazard

指为使受灾对象免受地质灾害灾(险)情的危害或威胁，所采取的紧急撤离行为，可分为主动躲避与被动撤离。

3.9

地质灾害应急调查 geohazard emergency survey

是针对突发性地质灾害或险情而采取的快速获取地质灾害体及危害特征信息，进行应急灾情评估并提出应急处置措施的过程。

3.10

地质灾害应急监测 geohazard emergency monitoring

指在地质灾害灾(险)情发现或发生时的应急状态下，对影响灾害体变形、发展及破坏的各因素进行观察和测量的活动，包括地面巡查和专业监测，专业监测以便于快速安装、数据自动采集与传输为优先原则。

3.11

应急抢险工程治理 geodisaster/geohazard emergency engineering and rescue

指对已产生明显变形并可能造成生命财产重大损失的地质灾害体，为防止其进一步变形破坏并产生危害，对其采取工程应对措施的行为。

3.12

应急响应结束 termination of emergency response

指经专家组鉴定地质灾害灾(险)情已消除,或者得到有效控制后,由发布应急响应的机构宣布中止应急状态,转入常态的过程。

4 总则

4.1 目的

编制预案的目的是有效做好崩塌、滑坡、泥石流和地面塌陷地质灾害隐患点应急工作,最大限度地减少人民生命财产损失。

4.2 原则

坚持"预防为主"的原则。在地质灾害隐患点所在地方人民政府统一领导下,由地质灾害防治责任单位负责组织突发地质灾害隐患点应急预案的编制工作。

4.3 一般要求

4.3.1 突发地质灾害点应急预案应在收集各类相关资料,必要时调查地质灾害基本特征、地质环境条件、引发因素的基础上编制,并符合相关法规要求。

4.3.2 突发地质灾害点应急预案,是开展地质灾害点灾(险)情应急工作的依据之一。

4.3.3 省级地质灾害防治主管部门登记在册的崩塌、滑坡、泥石流及地面塌陷地质灾害隐患点应编制突发地质灾害隐患点应急预案。

5 工作程序

5.1 预案的编制

编制突发地质灾害点应急预案按图1程序进行。

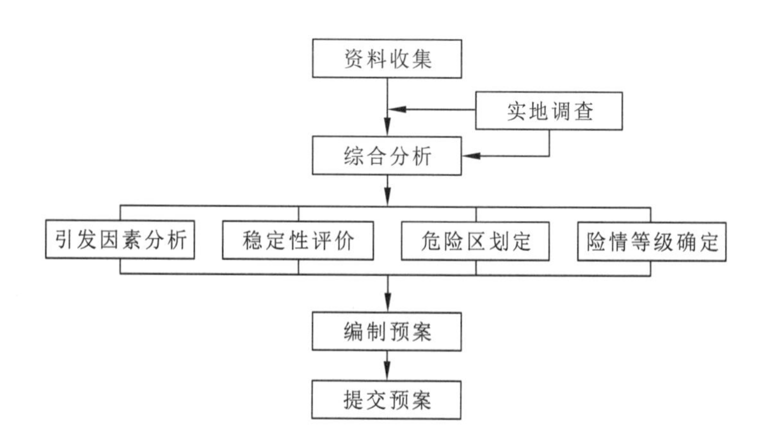

图1 工作程序框图

5.2 预案的管理

突发地质灾害隐患点应急预案由县级地质灾害防治主管部门组织审查、发布、保管和实施。

5.3 预案的更新

应急预案应依据地质灾害隐患点的年度变化情况，在专业技术人员指导下评估预案时效性，根据实际情况及时修订完善。

6 预案编制内容

6.1 地质灾害点概况

6.1.1 基本特征

阐明地质灾害隐患点地质灾害类型、分布形态、边界条件、规模、物质组成、变形等特征。不同类型地质灾害特征如下：

a) 崩塌基本特征主要包括：名称，位置，宽、高、厚，规模，类型，崩塌体岩性特征，崩塌边界特征，发展历史（包括活动变形特征）。

b) 滑坡基本特征主要包括：名称，位置，长、宽、厚，规模，类型，表部特征、内部特征，边界条件，活动变形特征。

c) 泥石流基本特征主要包括：名称、位置、规模、类型、地形纵坡降、水源条件、物源条件、堆积体特征、泥石流活动历史。

d) 地面塌陷基本特征主要包括：名称，位置，范围，规模，类型，采空区或岩溶分布发育特征，塌陷坑、单体地裂缝及裂缝群发育特征和地面变形特征。

6.1.2 地质环境条件

简述地质灾害隐患点所处地质环境条件，主要包括气象、水文、地形地貌、地层与构造、地震、水文地质、工程地质和人类工程经济活动等。

6.1.3 引发因素分析

应急预案的编制应分析地质灾害隐患形成的引发因素，引发因素应包括自然因素和人为因素两大类。地质灾害隐患引发因素分析按《地质灾害危险性评估规范》（DZ/T 0286）相关规定进行。

6.1.4 稳定性评价

编制应急预案应对隐患点稳定性按如下规定作评价：

a) 做过野外初步调查的地质灾害隐患点以定性分析为主，主要依据野外调查确定的稳定性并结合变形情况综合分析评价，定性分析参照《滑坡崩塌泥石流灾害调查规范（1∶50 000）》（DZ/T 0261）、《县（市）地质灾害调查与区划规范（试行）》（T/CAGHP 017）相关规定进行。

b) 做过勘查工作的应进行稳定性定量计算，定量计算可参照《滑坡防治工程勘查规范》（GB/T 32864）、《崩塌防治工程勘查规范（试行）》（T/CAGHP 011）、《采空塌陷勘查规范（试行）》（T/CAGHP 005）进行，泥石流隐患点的易发性评价可参照《泥石流灾害防治工程勘查规范》（DZ/T 0220）规定量化打分。

c) 在滑坡、崩塌、地面塌陷稳定性现状评价的基础上，分析在降雨、地震及其他因素影响下稳定性的发展趋势，泥石流隐患点在分析评价易发性的同时，应分析强降雨及其他引发因素影响下泥石流的发展趋势。

d) 滑坡、崩塌、地面塌陷稳定性分为不稳定、较稳定、稳定三级，泥石流易发性分为极易发、易发、轻易发、不易发四级，参见附录A。

6.1.5 确定地质灾害危险区

地质灾害隐患点的危险区要结合调查资料和相关技术规范综合确定：

a) 滑坡、崩塌灾害危险区包括：
   1) 滑坡、崩塌自身的范围；
   2) 滑坡、崩塌运动所达到的范围；
   3) 滑坡、崩塌造成的涌浪、气浪等次生灾害的危害范围；
   4) 地震、暴雨及其他灾害条件下放大效应所波及的范围。

b) 泥石流灾害危险区包括：
   1) 泥石流体淹没区范围与爬高范围；
   2) 泥石流活动造成滑坡、崩塌、塌岸及其他次生灾害的危害范围。

c) 地面塌陷灾害危险区：
   1) 地面塌陷自身的范围；
   2) 地面塌陷引发的崩塌、滑坡所波及的范围；
   3) 地震、强降雨及其他条件下放大效应所波及的范围。

6.1.6 隐患点险情等级

地质灾害隐患点险情据隐患点威胁的人数与威胁对象的经济价值划分等级，详见表1。隐患点发生灾情后灾情等级按《滑坡崩塌泥石流灾害调查规范(1：50 000)》(DZ/T 0261)、《县(市)地质灾害调查与区划规范(试行)》(T/CAGHP 017)分级。

表1 地质灾害险情分级表

地质灾害险情等级	受威胁人数/人	潜在直接经济损失/万元
小型	＜100	＜500
中型	100～500	500～5 000
大型	500～1 000	5 000～10 000
特大型	≥1 000	≥10 000

6.2 前期预警

6.2.1 监测预警机制

建立预报预警平台，明确监测人、监测责任人、预警人，对受威胁的居民进行地质灾害应急培训，对受地质灾害威胁的单位和住户分别发放“地质灾害防灾工作明白卡”“地质灾害防灾避险明白卡”，落实防灾避险责任。

6.2.2 应急预案启动

具有以下条件之一，立即启动预案：

a) 滑坡、崩塌、泥石流及地面塌陷地质灾害隐患点经定期目视巡查、简易监测和专业监测，变形值监测指标或其他监测指标达到警戒值，前兆明显；

b) 滑坡、崩塌、泥石流及地面塌陷地质灾害隐患点已失稳致灾；

c) 与已发地质灾害的地质环境条件相似的地质灾害隐患点；

d) 破坏地质环境的人为因素作用下，地质灾害隐患点临灾前兆明显或已失稳致灾。

6.2.3 发布预警

发布预警应进行如下工作：

a) 明确预警方法和预警信号，应为常用、简单和声音清晰的电话、哨子、锣鼓、高音喇叭等工具；

b) 监测人、监测责任人应第一时间将临灾预判结果告知预警人，由预警人依据预警等级与上述指定的预警信号发布预警；

c) 预警等级依据时间紧迫性、灾害发生可能性和灾后严重程度可划分为以下四级：红色（警报级）、橙色（预报级）、黄色（预警级）、蓝色（警示级），判据标准按表2划分；

d) 临灾状态可依据灾害体变形监测和气象监测结果判定。

表2 突发地质灾害预警等级划分表

判据标准	预警级别
灾害发生可能性很大，灾害后果严重	红色（警报级）
灾害发生可能性较大，灾害后果较大	橙色（预报级）
灾害发生可能性较小，灾害后果较小	黄色（预警级）
灾害发生可能性小，灾害后果很小	蓝色（警示级）

6.2.4 信息速报

灾（险）情信息速报方案应包括如下内容：

a) 确定灾害信息报送与发布单位及负责人；

b) 在突发地质灾害应急信息速报体系的基础上，建立完善、畅通的信息通信网络；

c) 按照《国家突发地质灾害应急预案》中规定的地质灾害速报制度开展信息速报工作；

d) 突发地质灾害速报的内容主要包括地质灾害险情或灾情出现的地点和时间、地质灾害类型、灾害体的规模、可能的引发因素和发展趋势等，针对已经发生的地质灾害，速报内容还要包括伤亡和失踪的人数以及造成的直接经济损失。

6.3 应急响应

6.3.1 启动应急响应

一般应按下列规定启动应急响应：

a） 地质灾害险情和地质灾害灾情按危害程度、灾情大小分为四级，见表3：

表3 地质灾害灾(险)情分级标准

地质灾害等级	灾情		险情	
	死亡人数/人	直接经济损失/万元	受威胁人数/人	潜在经济损失/万元
小型	＜3	＜100	＜100	＜500
中型	3～10	100～500	100～500	500～5 000
大型	10～30	500～1 000	500～1 000	5 000～10 000
特大型	≥30	≥1 000	≥1 000	≥10 000

注1：灾情分级和灾情采用"死亡人数"和"直接经济损失"栏指标评价。

注2：险情分级和险情采用"受威胁人数"和"潜在直接经济损失"栏指标评价。

b） 根据地质灾害险情和灾情等级，应急响应等级划分为Ⅰ、Ⅱ、Ⅲ、Ⅳ四级：
   1） 特大型地质灾害应急响应等级为Ⅰ级；
   2） 大型地质灾害应急响应等级为Ⅱ级；
   3） 中型地质灾害应急响应等级为Ⅲ级；
   4） 小型地质灾害应急响应等级为Ⅳ级。

c） 依据《国家突发地质灾害应急预案》规定，明确突发地质灾害点分级响应程序、相应级别的应急机构。

6.3.2 应急避险

应急避险应包含如下内容：

a） 确定避灾地点(安置点)负责单位及负责人；

b） 明确关闭危险区范围电源各电闸的责任人；

c） 合理科学地确定地质灾害影响范围，合理确定避灾地点、撤离路线、撤离顺序，撤离路线应细化到危险区范围内的所有单位与住户，并明确迅速撤离困难老人、残疾人的帮扶责任人，确保不出现二次险情或灾害；

d） 灾险情出现后，在地质灾害危险区设立明显的危险区警示标志，专人值守，严禁与防灾减灾无关人员入内和撤离人员返回，以免造成不必要的人员伤亡，保证撤离人员财产安全。

6.3.3 抢险救灾

抢险救灾应包含如下内容：

a） 确定抢排险单位及负责人，确定治安保卫单位及负责人，确定医疗救护单位及负责人，确定抢险救灾道路、水电、通信设施负责单位及负责人；

b） 做好抢险救灾的临战准备，准备好抢排险用的车辆、开挖、运输、排水，砂子、水泥、钢筋等抢险救灾应急物资和设备；

c） 检查完善抢险救灾道路、水电、通信设施，确保"四通一平"。

6.3.4 应急调查

应急调查可参照《突发地质灾害应急调查技术指南(试行)》(T/CAGHP 030)相关规定确定如下

内容：

a) 确定应急调查单位及负责人，配备调查设备，准备相关地质资料；

b) 地质灾害应急调查组到达现场开展应急调查工作时，应对灾险情情况，灾险情形成原因，发展趋势，已采取的防范对策、措施，防治工作建议等开展应急调查工作；

c) 地质灾害灾情应急调查重点要调查分析灾害体稳定性发展趋势，为确保救灾人员设备安全，以防二次灾害发生或灾险情扩大提出建议；

d) 地质灾害险情应急调查重点要分析灾险情发展趋势，为预防灾害发生提出建议；

e) 地质灾害灾险情应急调查结束后按有关要求编制地质灾害灾险应急调查报告。

6.3.5 应急监测

应急监测依据灾害类型、危险程度、可能致灾范围、可能出现的应急情景和原有监测情况，参照《滑坡、崩塌、泥石流监测规范》(DZ/T 0221)、《地质灾害地表变形监测技术规程(试行)》(T/CAGHP 014)、《突发地质灾害应急监测预警技术指南(试行)》(T/CAGHP 023)和相关技术规范规定，确定应急监测方案：

a) 应急监测方案包括应急监测范围、频率，应急监测手段、内容及方法，应急监测仪器设备种类，应急监测点数量及布置，应急监测数据采集、整编及分析，应急监测预警及信息反馈等，结合应急调查，现场修改；

b) 对未监测的地质灾害应布设监测网进行应急监测，对已布设监测网的突发地质灾害，进行监测手段的补充、监测频率的加密、监测范围的扩大等。

6.3.6 抢险治理

地质灾害灾(险)情一般采取简易的抢险处理措施，控制灾(险)情继续发生，可参照《滑坡防治工程设计与施工技术规范》(DZ/T 0219)、《泥石流防治工程设计规范(试行)》(T/CAGHP 021)、《突发地质灾害应急防治导则(试行)》(T/CAGHP 022)及相关规范选取适宜的抢险治理措施：

a) 崩塌宜采取清理危岩、遮拦、填缝、嵌补措施；

b) 滑坡可采取地表排水、地下排水、减重、反压等快速治理技术和停止破坏滑坡稳定性的人为活动的减滑措施；

c) 泥石流宜采取疏浚、排水、拦渣、清渣措施；

d) 地面塌陷及裂缝宜采取防渗处理、塌陷回填、挖高垫低措施，采用保安矿柱、充填开采防止灾害加剧；岩溶塌陷区，可采取注浆、回填等措施控制塌陷的发展。

6.4 应急响应结束

6.4.1 响应结束

当灾害隐患已经消除，或灾害体稳定性满足常规防治工程实施的条件，或者所造成的危害基本消除或得到有效控制时，经专家会商评估认定，可作为应急响应结束的依据。

6.4.2 成因分析

当应急响应结束后，应专门对地质灾害灾(险)情成因进行分析，分别描述对灾(险)情形成与发展有影响的地形地貌、地质条件、岩土体及其结构、水文等自然环境或人为活动因素，根据各因素与灾害的时间、空间和强度相关性，区分直接引发因素和加剧或减缓危害的因素，并针对技术、教育、管理等因素，分析对灾害形成的间接影响。不同灾种成因分析可按照《突发地质灾害应急调查技术指南（试行）》（T/CAGHP 030）相关规定进行。

6.4.3 总结评估

在应急响应结束后，全面收集、整理应急防治过程记录、完成的实物工作量、取得的成果等情况，对照应急预案，总结应急技术经验与教训，评估应急处置成效，提出改进措施和应急准备建议。参照《突发地质灾害应急防治导则（试行）》（T/CAGHP 022）、《地质灾害灾情调查评估指南（试行）》（T/CAGHP 024）相关规定编写总结评估报告。

7 预案文本编制

7.1 文本编制要求

险情等级属于特大型、大型的地质灾害隐患点，须编制应急预案书；险情等级属于中型、小型地质灾害隐患点，应编制应急预案表。预案书编写提纲见附录B，预案表见附录C。

7.2 应急预案编制要点

7.2.1 隐患点概况

阐明隐患点名称、位置（包括行政、地理、交通位置）、规模（包括灾害隐患体的长、宽、厚，面积，体积等规模参数，规模等级）、类型（包括物质结构分类和其他因素分类）、地质环境条件与引发因素、发展历史，进行稳定性评价，确定危险区与潜在危害。潜在危害包括威胁对象、潜在直接经济损失、威胁人数、险情等级。

7.2.2 前期预警

简述监测预警机制、应急预案启动条件，发布预警、信息速报内容。

7.2.3 应急响应

编制启动应急响应、应急避险、抢险救灾、应急调查、应急监测、抢险治理内容。

7.2.4 应急响应结束

编制响应结束、成因分析、总结评估内容。

7.2.5 保障措施

可参照《地质灾害应急演练指南（试行）》（T/CAGHP 010）、《突发地质灾害应急防治导则（试行）》（T/CAGHP 022）相关要求科学统筹落实下列保障措施：

a） 人员保障，确定各类应急责任人，包括应急负责人、监测责任人、监测人、预警人、应急避险负责人、抢排险负责人、治安负责人、医疗救护负责人、应急调查负责人、信息速报负责人姓名、单位、职务、电话等，确定前期预警、应急响应等各阶段人员调配措施；

b） 经费保障，包括预案各项工作实施的经费来源和落实措施；

c） 技术与装备保障，包括技术资料及信息保障措施，调查与监测、通信、车辆、抢险治理等装备调配措施，应急支援措施；

d） 安全保障，包括宣传、培训、演练和监督检查等相关措施。

7.3 预案图表编制

7.3.1 崩塌滑坡应急预案书应插入崩塌滑坡地质灾害隐患点剖面示意图和应急预案示意图，泥石流、地面塌陷应急预案书应插入地质灾害隐患点应急预案示意图。示意图的编制应符合下列规定：

a） 地质灾害隐患点剖面示意图应为滑坡崩塌纵向剖面图，标明崩塌滑坡有关要素及威胁对象，剖面图绘制范围应包括影响其稳定的后方斜坡（第一斜坡带）及可能的致灾区；

b） 应急预案示意图为平面图，应画出隐患点示意图，标注有关参数，标明威胁对象、撤离路线、撤离方向等；

c） 应急预案示意图的编制范围：

1） 崩塌、滑坡应包括影响其稳定性的后方斜坡（第一斜坡带）及可能的致灾区；

2） 泥石流应包括完整的沟道流域及可能的致灾区；

3） 地面塌陷应包括塌陷坑、塌陷盆地、地裂缝、道路、建筑物分布范围，采空塌陷还应包括采掘巷道和采空区的分布范围。

7.3.2 预案表编制参照附录C。

附　录　A
（资料性附录）
地质灾害隐患点稳定性（易发性）判断依据

表A.1和表A.2给出了滑坡、崩塌稳定性分级依据，表A.3给出了泥石流易发性分级依据。

表A.1　滑坡稳定性分级表

滑坡要素	不稳定	较稳定	稳定
滑坡前缘	滑坡前缘临空，坡度较陡且常处于地表径流的冲刷之下，有发展趋势并有季节性泉水出露，岩土潮湿、饱水	前缘临空，有间断季节性地表径流流经，岩土体较湿，斜坡坡度在30°～45°之间	前缘斜坡较缓，临空高差小，无地表径流流经和继续变形的迹象，岩土体干燥
滑体	滑体平均坡度＞40°，坡面上有多条新发展的滑坡裂缝，其上建筑物、植被有新的变形迹象	滑体平均坡度在25°～40°之间，坡面上局部有小的裂缝，其上建筑物、植被无新的变形迹象	滑体平均坡度＜25°，坡面上无裂缝发展，其上建筑物、植被未有新的变形迹象
滑坡后缘	后缘壁上可见擦痕或有明显位移迹象，后缘有裂缝发育	后缘有断续的小裂缝发育，后缘壁上有不明显变形迹象	后缘壁上无擦痕和明显位移迹象，原有的裂缝已被充填
定量计算结果	不稳定、欠稳定	基本稳定	稳定
注：定量计算结果指滑坡防治工程勘查评价结果。			

表A.2　崩塌（危岩）稳定性分级表

斜坡要素	不稳定	较稳定	稳定
坡角	临空，坡度较陡且常处于地表径流冲刷之下，有发展趋势，并有季节性泉水出露，岩土潮湿、饱水	临空，有间断季节性地表径流流经，岩土体较湿	斜坡较缓，临空高差小，无地表径流流经和继续变形的迹象，岩土体干燥
坡体	坡面上有多条新发展的裂缝，其上建筑物、植被有新的变形迹象，裂缝发育或存在易滑软弱结构面	坡面上局部有小的裂缝，其上建筑物、植被无新的变形迹象，裂隙较发育或存在软弱结构面	坡面上无裂缝发展，其上建筑物、植被没有新的变形迹象，裂隙不发育，不存在软弱结构面
坡肩	可见裂缝或明显位移迹象，有积水或存在积水地形	有小裂缝，无明显变形迹象，存在积水地形	无位移迹象，无积水，也不存在积水地形
岩层	中等倾角顺向坡，前缘临空。反向层状碎裂结构岩体	碎裂岩体结构，软硬岩层相间。斜倾视向变形岩体	逆向和平缓岩层，层状、块状结构
地下水	裂隙水和岩溶水发育。具多层含水层	裂隙发育，地下水排泄条件好	隔水性好，无富水地层
定量计算结果	不稳定、欠稳定	基本稳定	稳定
注：定量计算结果指崩塌防治工程勘查评价结果。			

表 A.3　泥石流沟数量化评分标准及易发程度分级标准表

序号	影响因素	量级划分							
		严重(A)	得分	中等(B)	得分	轻微(C)	得分	一般(D)	得分
1	崩塌、滑坡及水土流失(自然和人为活动的)严重程度	崩塌、滑坡等重力侵蚀严重，多深层滑坡和大型崩塌，表土疏松，冲沟十分发育	21	崩塌、滑坡发育，多浅层滑坡和中小型崩塌、坍塌，有零星植被覆盖，冲沟发育	16	有零星崩塌、滑坡和冲沟存在	12	无崩塌、滑坡、冲沟或发育轻微	1
2	泥砂沿程补给长度比/%	＞60	16	60～30	12	30～10	8	＜10	1
3	沟口泥石流堆积活动程度	河形弯曲或堵塞，大河主流受挤压偏移	14	河形无较大变化，仅大河主流受迫偏移	11	河形无变化，大河主流在高水偏，低水不偏	7	无河形变化，主流不偏	1
4	河沟纵坡/(°)，‰	＞12° (213)	12	12°～6° (213～105)	9	6°～3° (105～52)	6	＜3° (＜52)	1
5	区域构造影响程度	强抬升区，6 级以上地震区，断层破碎带	9	抬升区，4～6 级地震区，有中小支断层或无断层	7	相对稳定区，4 级以下地震区，有小断层	5	沉降区，构造影响小	1
6	植被覆盖率/%	＜10	9	10～30	7	30～60	5	＞60	1
7	河沟近期一次冲淤变幅	＞2	8	2～1	6	1～0.2	4	＜0.2	1
8	岩性影响	软岩、黄土	6	软硬相间	5	风化和节理发育的硬岩	4	硬岩	1
9	松散物贮量/$\times 10^4 m^3 \cdot km^{-2}$	＞10	6	10～5	5	5～1	4	＜1	1
10	沟岸山坡坡度/(°)，‰	＞32° (625)	6	32°～25° (625～466)	5	25°～15° (466～286)	4	＜15° (＜268)	1
11	产沙区沟横断面	“V”形、“U”形谷，谷中谷	5	宽“U”形谷	4	复式断面	3	平坦型	1
12	松散物平均厚度/m	＞10	5	10～5	4	5～1	3	＜1	1
13	流域面积/km^2	0.2～5	5	5～10	4	0.2 以下，10～100	3	＞100	1
14	流域相对高差/m	＞500	4	500～300	3	300～100	3	＜100	1
15	河沟堵塞程度	严重	4	中等	3	轻微	2	无	1
评判等级标准	综合得分	116～130		87～115		44～86		15～43	
	易发程度等级	极易发		易发		轻易发		不易发	

附　录　B
(资料性附录)
突发地质灾害点应急预案编写提纲

一、地质灾害隐患点概况

(一)名称、位置

(二)规模、类型

(三)地质环境条件与引发因素

主要包括地质灾害隐患点形成的气象水文、地形地貌、地质构造、地层岩性、地下水、岩土体工程地质特征等地质环境条件与引发因素。

(四)发展历史

包括地质灾害隐患点活动变形、致灾等情况。

(五)稳定性

包括稳定性现状分析评价与稳定性预测。

(六)潜在危害(危险区)

包括危险区与威胁对象、潜在经济损失、险情等级。

二、前期预警

(一)监测预警机制

(二)应急预案启动

(三)发布预警

(四)信息速报

三、应急响应

(一)启动应急响应

(二)应急避险

(三)抢险救灾

(四)应急调查

(五)应急监测

(六)抢险治理

四、应急响应结束

(一)响应结束

(二)成因分析

(三)总结评估

五、保障措施

(一)人员保障

(二)经费保障

(三)技术与装备保障

(四)安全保障

附 录 C
(资料性附录)
突发地质灾害点应急预案表

表 C.1 突发地质灾害点应急预案表

<table>
<tr><td colspan="2">名称</td><td colspan="4"></td><td>隐患点类型</td><td></td></tr>
<tr><td colspan="2">编号</td><td colspan="3"></td><td>规模及等级</td><td colspan="2"></td></tr>
<tr><td colspan="2">行政位置</td><td colspan="6"></td></tr>
<tr><td colspan="2">地理坐标</td><td>经度</td><td colspan="2"></td><td>纬度</td><td colspan="2"></td></tr>
<tr><td colspan="2">地质环境条件</td><td colspan="6"></td></tr>
<tr><td colspan="2">变形特征及活动历史</td><td colspan="4"></td><td>引发因素</td><td></td></tr>
<tr><td colspan="2">稳定性</td><td>现状稳定性</td><td colspan="2"></td><td>预测稳定性</td><td colspan="2"></td></tr>
<tr><td rowspan="2">潜在危害</td><td>威胁对象</td><td colspan="6"></td></tr>
<tr><td>威胁人数/人</td><td></td><td>潜在经济损失/万元</td><td></td><td>险情等级</td><td colspan="2"></td></tr>
<tr><td rowspan="7">监测预警</td><td>监测预警机制</td><td>对受威胁人进行地灾应急培训</td><td></td><td>发放“防灾避险明白卡”</td><td colspan="3"></td></tr>
<tr><td>应急预案启动</td><td>启动条件</td><td colspan="5"></td></tr>
<tr><td>预警发布</td><td>预警方法和预警信号</td><td colspan="3"></td><td>预定预警等级</td><td></td></tr>
<tr><td>应急响应</td><td>预定应急等级</td><td colspan="2"></td><td>应急范围</td><td colspan="2"></td></tr>
<tr><td rowspan="3">应急监测</td><td>应急监测范围及内容</td><td colspan="5"></td></tr>
<tr><td>应急监测方法及工具仪器</td><td colspan="3"></td><td>应急监测频率</td><td></td></tr>
<tr><td>加密监测内容、方法</td><td colspan="3"></td><td>加密监测频率</td><td></td></tr>
<tr><td rowspan="10">应急处置</td><td rowspan="3">应急避险</td><td>应急避险负责单位</td><td colspan="2"></td><td>避灾地点(安置点)</td><td colspan="2"></td></tr>
<tr><td>应急撤离路线</td><td colspan="5"></td></tr>
<tr><td>应急撤离顺序</td><td colspan="5"></td></tr>
<tr><td rowspan="3">抢险救灾</td><td>抢排险单位</td><td colspan="2"></td><td>治安单位</td><td colspan="2"></td></tr>
<tr><td>医疗救护单位</td><td colspan="2"></td><td>道路、水电、通信保障单位</td><td colspan="2"></td></tr>
<tr><td>抢险救灾物资储备和设备</td><td colspan="5"></td></tr>
<tr><td>应急调查</td><td>调查单位</td><td></td><td>调查设备</td><td></td><td>地质资料</td><td></td></tr>
<tr><td>信息速报</td><td>报送单位</td><td colspan="2"></td><td>发布单位</td><td colspan="2"></td></tr>
<tr><td>抢险治理</td><td>治理方法</td><td colspan="5"></td></tr>
<tr><td>应急结束</td><td>应急结束的条件、依据</td><td colspan="5"></td></tr>
</table>

表 C.1　突发地质灾害点应急预案表(续)

<table>
<tr><td rowspan="12">责任人</td><td>分工</td><td>姓名</td><td>单　位</td><td>职务</td><td>电话</td></tr>
<tr><td>应急负责人</td><td></td><td></td><td></td><td></td></tr>
<tr><td>监测责任人</td><td></td><td></td><td></td><td></td></tr>
<tr><td>监测人</td><td></td><td></td><td></td><td></td></tr>
<tr><td>预警人</td><td></td><td></td><td></td><td></td></tr>
<tr><td>应急避险负责人</td><td></td><td></td><td></td><td></td></tr>
<tr><td>抢排险负责人</td><td></td><td></td><td></td><td></td></tr>
<tr><td>治安负责人</td><td></td><td></td><td></td><td></td></tr>
<tr><td>医疗救护负责人</td><td></td><td></td><td></td><td></td></tr>
<tr><td>应急调查负责人</td><td></td><td></td><td></td><td></td></tr>
<tr><td>信息报送负责人</td><td></td><td></td><td></td><td></td></tr>
<tr><td>信息发布负责人</td><td></td><td></td><td></td><td></td></tr>
<tr><td colspan="2">应急预案示意图</td><td colspan="4"></td></tr>
</table>

填表单位：　　　　　　填表人：　　　　　　日期：　　年　　月　　日